瑾蔚 编著

动物神秘事件簿
多彩的鱼

北方妇女儿童出版社
·长春·

版权所有　侵权必究

图书在版编目（CIP）数据

多彩的鱼 / 瑾蔚编著. -- 长春：北方妇女儿童出版社，2023.8（2024.8重印）
（动物神秘事件簿）
ISBN 978-7-5585-7392-7

Ⅰ.①多… Ⅱ.①瑾… Ⅲ.①淡水鱼类－儿童读物 Ⅳ.①Q959.4-49

中国国家版本馆 CIP 数据核字（2023）第 036235 号

动物神秘事件簿——多彩的鱼
DONGWU SHENMI SHIJIAN BU——DUOCAI DE YU

出 版 人	师晓晖
策 划 人	陶　然
责任编辑	曲长军　庞婧媛
开　　本	889mm×1194mm　1/16
印　　张	4
字　　数	80 千字
版　　次	2023 年 8 月第 1 版
印　　次	2024 年 8 月第 2 次印刷
印　　刷	长春人民印业有限公司
出　　版	北方妇女儿童出版社
发　　行	北方妇女儿童出版社
地　　址	长春市福祉大路 5788 号
电　　话	总编办 0431-81629600
	发行科 0431-81629633

定　　价　22.80 元

前言

在水世界中，生活着许许多多的鱼类，它们的生活习惯、体型大小等各不相同，构成了一个生机勃勃的鱼类王国。鱼类的种类非常多，有在海里不停游弋的凶猛鲨鱼，也有整天趴在海底一动不动的比目鱼；有会放强大电流的电鳐，也有能释放毒素的毒鲉；有依靠伪装躲避敌人的小丑鱼，也有"能变成刺猬"的刺鲀……除了这些，水中还生活着许多神奇、有趣的鱼类呢！想认识它们、了解它们的秘密吗？赶快翻开这本书吧！本书文字浅显易懂、图片精美生动，集知识性和趣味性于一体，能够产生强烈吸引力，让我们在轻松愉悦的氛围中了解各种各样的鱼类。

目录

 02 鲨鱼

 16 旗鱼

 04 蝠鲼

 18 蝴蝶鱼

 06 电鳐

 20 刺盖鱼

 08 比目鱼

 22 刺尾鱼

 10 海马

 24 小丑鱼

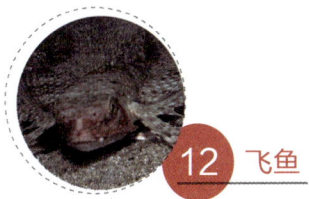 12 飞鱼

 26 雀鲷

 14 剑鱼

 28 鹦嘴鱼

 30 射水鱼
 44 鬼鲉
 32 麒麟鱼
 46 翻车鱼
 34 石斑鱼
 48 刺鲀
 36 虾虎鱼
 50 箱鲀
 38 神仙鱼
 52 拟鳞鲀
 40 蓑鲉
 54 䲟鱼
 42 毒鲉
 56 大马哈鱼

鱼类家族

鱼儿生活在水中，遍布世界各地的江河湖海。它们种类繁多，生活环境各异，各有各的特点，是水中的精灵。

各种各样的鱼

鱼类的种类特别多，它们有的游泳速度快，比如剑鱼、旗鱼；有的色彩斑斓，比如蝴蝶鱼、小丑鱼；有的善于伪装，比如石斑鱼、鬼鲉；有的会放电，比如电鳐；有的能飞上天，比如飞鱼；有的是神射手，比如射水鱼……

动物小档案

名称：鲨鱼
体长：0.2~20 米
分类：软骨鱼纲——鲨总目
栖息地：热带、亚热带海洋
食物：海洋鱼类、哺乳类等
天敌：虎鲸等

鲨鱼

在鱼类家族里,我想没有谁敢和我一争高下,争夺王者地位。没错,我就是鲨鱼,让动物们闻风丧胆的海洋霸主。

我有哪些厉害的装备？

看见我的大牙齿了吗？它们是如此锋利,而且向内长,就像倒刺一样。只要一口,我就能咬死猎物。不过,它们不太坚固,我每次吃东西,都会掉几颗。

我是近视眼,又是色盲,在水下几乎是个"睁眼瞎"。不过,我的嗅觉很厉害,大老远就能闻到猎物的气味。还有,我的听觉也很灵敏,就连千米外的细小声音都能听见。

我一刻都停不下来

别的鱼累了,可以停下来休息,但我不能。我的个头儿这么大,需要的氧气很多,可海水流得太慢,根本满足不了我。因此,我只能不停地游,不然就会被憋死。

鲨鱼说：

我这么凶猛，别的鱼虽然都怕我，可我要抓到它们却不容易。它们总是小心翼翼的，一见到我就躲起来，我只能趁乱抓一些倒霉蛋。

动物小档案

名称：蝠鲼

体长：0.6~7 米

分类：软骨鱼纲—鲼形目—蝠鲼科

栖息地：热带和亚热带浅海

食物：浮游生物、小型鱼类

天敌：无

蝠鲼

鲨鱼说它厉害，我是认同的，因为就连我也打不过它。不过，我也是很厉害的，实力也很强，很多动物都怕我。

很多动物怕我，是因为我的长相。你看，我哪有一点儿鱼的样子。除了我，还有谁长着大宽嘴，一对宽大的"鸟翅"，尾巴就像长剑一样？

长相是天生的，我没办法改变，但性情我是能控制的。平时，我很温顺，只吃一些小鱼小虾，很少攻击别的动物。可如果我被惹怒了，就算是面对人类也会发起攻击。

我有一招"飞空"绝技

除了样子奇特,我还有"飞空"绝技。我全身使劲,快速游动,然后高高跃出水面,再来一个后空翻,最后啪的一声入水,溅起大量水花。场面壮观极了!

鲨鱼说:

蝠鲼的本领还真是不小,之前和它打过一架,虽然费了不少气力,但最终还是让它逃跑了。下次相遇,我一定让它有来无回。

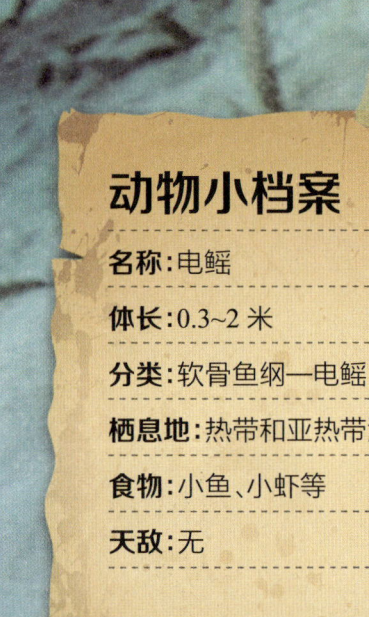

动物小档案

名称：电鳐

体长：0.3~2 米

分类：软骨鱼纲—电鳐目

栖息地：热带和亚热带浅海

食物：小鱼、小虾等

天敌：无

电鳐

说到绝技，蝠鲼在我面前根本排不上号。放眼整个海洋，我不敢说自己的放电本领是独一份儿，但也找不出几个能和我相比的。

我是带电鱼

虽然是鱼，可我不太会游泳，所以总是躲在海底的泥沙里，逃避敌人的目光。如果被发现了，我就会释放强大的电流打击敌人。

我的眼神儿很差，晚上捕食的时候眼前一片漆黑。不过，我的感觉很灵敏，小鱼、小虾躲得再巧妙，我也能从砂石下将它们找出来，再用电击晕。

我可不是随意放电的，对于大小不同的敌人、猎物，我会控制放电的时间和强度。还有，每次放完电，我只要休息一段时间，就会又能变得电力十足。

鲨鱼说：

电鳐那家伙看起来很好欺负，但谁也不敢惹它，不然一定会被电晕的。不过，我可以趁它没电的时候去捕捉它。

动物小档案

- **名称**：比目鱼
- **体长**：0.1~2 米
- **分类**：硬骨鱼纲—鲽形目
- **栖息地**：全世界温带海域
- **食物**：小鱼小虾
- **天敌**：鲸、鲨鱼等

比目鱼

说到长相，蝠鲼、电鳐都算是比较奇特的，但和我比起来，它们就显得太普通了。我是谁？我就是以奇特著称的比目鱼。

出生的时候，我和普通的鱼没有什么区别，但一点儿都不像爸爸妈妈。过了二十几天，奇怪的事情发生了，我的一只眼睛搬了家，跑到了另一边。

很快，我就"变身"完成。这时，我发现自己不太会游泳了，只好横卧在海底，藏在沙子下面，一动不动，让敌人和猎物发现不了。

当然，我还是能游泳的，只不过泳姿很奇怪，是侧着身子的，就像是立起来的蒲扇。这时，你会发现，我身体一侧是白色的，一侧是海底的颜色。

鲨鱼说：

相比电鳐，我还是喜欢抓捕比目鱼。不过，比目鱼太会藏了，我搜寻了这么久都没有找到它。算了，我还是搜捕别的动物吧！

动物小档案

名称:海马

体长:0.15~0.3 米

分类:硬骨鱼纲—刺鱼目—海龙科

栖息地:珊瑚礁附近

食物:小型甲壳类

天敌:鱼类、螃蟹等

海马

有一种动物,它长着"马头",有一条卷尾巴,身上有坚硬的"铠甲"。你觉得它是谁呢?你猜对了,这说的就是我——海马。

很多动物都不认识我,不把我当鱼看。但我确实是鱼,只是长得怪,游泳姿态奇特罢了。有多奇特呢?我只能直上直下游动,就像直升机一样。

由于游得慢,极缓慢的水流都能把我冲走。这时,卷尾巴就有用了,它像钩子一样钩住海藻,把我固定在一个地方。

我是从爸爸肚子里生出来的

其实,这些都不算什么。如果我说我是爸爸生的,你会不会惊呆了呢?我出生前,一直待在爸爸的肚子里。等我长成形了,爸爸就鼓动肚子,把我生下来。

鲨鱼说:

海马?它太小了,我对它丝毫没有兴趣。不过我听说,它虽然长得小,游得又慢,但能偷袭很多小动物,还真是厉害!

飞鱼

动物小档案

- **名称**：飞鱼
- **体长**：约 0.4 米
- **分类**：硬骨鱼纲—颌针鱼目—飞鱼科
- **栖息地**：全世界温暖海域
- **食物**：浮游生物
- **天敌**：大型鱼类、海豚、海鸟等

　　海马太没有出息了，整天躲在海藻丛中，平庸地过完"鱼生"。哪像我，不仅在海里四处游荡，还会飞上天，俯视大海。

我是如何飞上天的？

　　想要飞，就要有翅膀才行。作为一条鱼，我当然是不可能长翅膀的，但我的鳍足够长，就像鸟翅一样。只要我努力拍打"翅膀"，在空中就能飞行几百米。

　　当然了，我的尾鳍也是功不可没的。它就像强劲的发动机一样，让我有足够的力量跃出水面。如果没有它，我没办法出水，也就飞不起来了。

　　其实，我并不是为了感受世界的精彩才飞上天的，而是为了躲避敌人的追击。有时，这一招也不保险，因为空中还有海鸟会抓我，有时还会撞到礁石上。

鲨鱼说：

飞鱼？我认识，那家伙还真特别，竟然能飞上天。它在天上时，我毫无办法，但在海里，我可以轻松抓到它。

动物小档案

名称：剑鱼

体长：约2米

分类：硬骨鱼纲—鲈形目—剑鱼科

栖息地：除北冰洋外各大洋

食物：金枪鱼、飞鱼、甲壳类等

天敌：大虎鲸、鲨鱼等

剑鱼

飞鱼说它为了躲避敌人才飞上天的，那敌人是谁呢？别的我不知道，但我绝对是它的大敌，我常将它追得四处乱跑。

其他鱼类想要追赶飞鱼可不容易，那家伙游得挺快的。不过在我面前，它的速度跟乌龟差不多。要知道，我一小时能游100多千米，比飞鱼快多了。

我是海中的"剑客"，抓捕飞鱼就要靠我的"长剑"了。我的"长剑"其实是我的上颌，它可长了，而且很尖锐，谁要是被刺中，一定疼得受不了。

虽然"长剑"威力十足，但我不会只凭蛮力攻击飞鱼群。我会上下扰动海水，使光线不断变化，让飞鱼晕头转向，之后才趁机用"长剑"将来不及躲避的飞鱼刺中。

鲨鱼说：

剑鱼身上有那么多肉，足够填饱我的肚子了。不过，它可不好惹，尤其是它的"长剑"厉害极了，所以我要小心一点儿，可不能被刺中了。

动物小档案

名称：旗鱼

体长：2~3 米

分类：硬骨鱼纲—鲈形目—旗鱼科

栖息地：热带和亚热带海域

食物：鱼类、乌贼等

天敌：虎鲸、鲨鱼等

旗鱼

剑鱼确实游得很快，但在我面前只能排老二，我才是真正的游泳冠军。当然，我一般只有捕食或逃跑时才会急速游动。

惊人的速度和身体有关

流线型的身体有利于减少阻力；
细长的上颌像一把长剑，可以把海水划开；
高大的背鳍就像风帆，能很好地利用水流；
八字形的大尾鳍肌肉发达，可以提供巨大的动力。

一切为了生存

我生活的地方到处都是乱流，一不小心就会被冲走。没办法，我只能快快地游。还有，如果我慢悠悠的，很容易被虎视眈眈的敌人吃掉，也没办法追上游得快的猎物。

游速排行榜

曾经,很多鱼对我不服气,还举办了一场游泳比赛。最终,我将剑鱼、金枪鱼、大槽白鱼、飞鱼、鳟鱼等游泳高手一一打败,取得了胜利。

鲨鱼说:

旗鱼的"长剑"那么尖利,又游得那么快,我追捕它可真不容易。不过,我费那么大力气是值得的,因为它的肉太多了。

动物小档案

名称：蝴蝶鱼
体长：0.1~0.2 米
分类：硬骨鱼纲—鲈形目—蝴蝶鱼科
栖息地：温暖海域的珊瑚礁附近
食物：浮游生物、动物碎屑等
天敌：大型鱼类等

蝴蝶鱼

我虽然没有飞鱼、旗鱼的本事，但长得比它们漂亮多了。可能因为太美，经常有大鱼欺负我。幸好，我从小就知道如何保护自己。

看看我是如何保护自己的

刚出生的时候，我的头上长有许多刺，就像头盔一样，可以保护我不受欺负。

稍微长大后，面对的敌人更厉害了，我也变得五颜六色，和周围环境一个样儿，还在尾巴附近长了一对假眼睛，来迷惑敌人。

长大后，假眼睛慢慢消失了，但我强壮了很多，可以抵挡很多敌人，也可以快速地游走躲起来。

我可是很厉害的

别看我长得美，就以为我很柔弱。其实，我也是很厉害的。比如，有小虫子从我头顶飞过，我会一跃而起，把它吃进肚子里。

鲨鱼说：

蝴蝶鱼虽然很美，但我不太喜欢它。它总是在珊瑚礁附近活动，稍微有点儿动静就躲起来，我几乎没办法抓到它。

动物小档案

名称：刺盖鱼

体长：约 0.2 米

分类：硬骨鱼纲—鲈形目—刺盖鱼科

栖息地：温暖海域的珊瑚礁附近

食物：海绵、海藻、珊瑚虫等

天敌：大型鱼类等

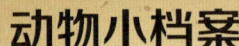

刺盖鱼

提到美丽的鱼，很多人都会想到蝴蝶鱼。对此，我有些失落和不解。我一点儿也不差，可为什么没有大名气呢？

我和蝴蝶鱼一样美丽，只是体形更大一些，因此有些动物会分不清我俩。其实，只要仔细看就会发现，我的鳃盖边缘长有一根刺，这是我名字的由来。

除了长相，我还有很多地方和蝴蝶鱼很像。比如，我们白天都只在洞穴附近或阴暗处逗留，一有状况立刻会躲回洞里，不让敌人有机可乘。

当然了，我比蝴蝶鱼还是要厉害一些，遇到事情不会一味退让，尤其是有小鱼或者同类入侵时，我会将它赶走，竭力守卫地盘。

鲨鱼说：

我认识刺盖鱼，但是不太熟。不过，我听说雄刺盖鱼死后，小群中的一只雌鱼会变成雄鱼,这可真神奇！

刺尾鱼

动物小档案

名称： 刺尾鱼
体长： 约0.15米
分类： 硬骨鱼纲—鲈形目—刺尾鱼科
栖息地： 除地中海外的温暖海域
食物： 海藻
天敌： 大型鱼类等

和刺盖鱼有些相似，我的身上也长有尖刺。但不同的是，我的尖刺没有长在头部，而是长在了尾巴处，而且不止一两根。

我是"外科医生"

我尾巴处的尖刺可不是用来看的，它们是真正的武器，就像锋利的手术刀。平时，尖刺是隐藏的，遇到危险时就会立起来。这时，我只需摆摆尾巴，敌人就会浑身是伤。

我是海洋护理员

长大后我总在珊瑚礁周围转悠，但小时候并不生活在这里。我出生前两个月，一直在海上漂浮，后来长大了才沉降下来，到珊瑚礁定居，清除这里的海藻。

不是吹牛,如果没有我,珊瑚礁可能会被海藻占领。白天,我召集亲友一起缓慢席卷海底,就像蝗虫一样,用长着"刚毛刷"的小尖嘴将礁石上的海藻一扫而光。

鲨鱼说:

刺尾鱼真是太冲动了,就因为我问它好不好吃,它竟向我"动刀子"。还好,我动作够快,不然可要被它划伤了。

小丑鱼

动物小档案

- **名称**：小丑鱼
- **体长**：约 0.1 米
- **分类**：硬骨鱼纲—鲈形目—雀鲷科
- **栖息地**：印度洋、太平洋温暖海域
- **食物**：藻类、浮游生物等
- **天敌**：大型鱼类等

我长得很漂亮,但人们却给我起了一个带"丑"的名字。不过,我并不生气,也不在乎,因为我只想好好生活。

团结和睦的大家庭

我的生活其实很简单,就是每天跟着妈妈在珊瑚礁附近游来游去。在我的大家庭里,妈妈个头儿最大,是一家之主,每次遇到危险它都会挺身而出。

我的大家庭非常和睦。有时,我不小心受伤了,叔叔阿姨都会细心地照顾我。当然,如果我犯了错,违反了"家规",它们也会冷落我,以示惩罚。

我和海葵是好朋友

除了亲人,我还有一个好朋友,它叫海葵。小时候,我经常在它身边游来游去,为它招来丰富的食物,而它则保护我,不让别的动物欺负我。

鲨鱼说：

我一直想尝尝小丑鱼是什么味道，可无奈它常和海葵待在一起。我还是耐下心来，等它外出的时候再下手吧。

动物小档案

名称：雀鲷
体长：约 0.15 米
分类：硬骨鱼纲—鲈形目—雀鲷科
栖息地：全世界热带暖水域
食物：藻类、浮游生物等
天敌：大型鱼类等

雀鲷

我和小丑鱼是亲戚，长得比较像，也拥有美丽的外表。相比之下，我的家族成员数量要多得多，只是关系没有那么亲密。

不太亲密的家庭关系

白天，我和亲友们聚集起来，组成一个大群体，四处游动。按理说，我们抵挡来犯的敌人不是很难，可我们一点儿也不团结，没有进行丝毫抵抗，便各顾各躲进珊瑚丛中了。

到了晚上，不管有没有危险，我们都会四散开来，各自到珊瑚缝隙中过夜。有一点很有趣，我们选择"卧室"不是随意的，而是依据身体大小。

珊瑚缝隙非常狭小，游泳本领不强很容易撞伤。但对我来说，这不是问题，因为我的胸鳍就像船橹一样，能来回控制身体，在珊瑚丛中自由进出。

鲨鱼说：

别看雀鲷小，可它们实在太多了，还总是成群活动。所以，我只要张开大嘴，冲进雀鲷群中，就能饱餐一顿。

鹦嘴鱼

动物小档案

名称：鹦嘴鱼
体长：约 0.3~1.2 米
分类：硬骨鱼纲—鲈形目—鹦嘴鱼科
栖息地：印度洋、太平洋温暖海域
食物：海藻、珊瑚、海胆等
天敌：鲨鱼等

和雀鲷一样，我也生活在珊瑚礁附近，也长得特别漂亮。不过，我最特别之处是长了一张"鹦鹉嘴"。

看见我的嘴了吗？里面有许多结实的小牙齿，我常用它们啃食粗硬的海藻和长尖刺的海胆。不过，我最爱吃的还是各种珊瑚，虽然它们很硬，但我不在乎。

我常在珊瑚礁中巡游，用强壮的牙齿将珊瑚咬碎，然后吞进肚子里。有些珊瑚我消化不了，只能排泄出来，看起来就像边游边撒沙子一样。

珊瑚除了为我提供食物，还是我的家。每天晚上，我都会躲在珊瑚缝隙中睡觉，还会用一个黏液"睡袋"包裹住身体。这样，敌人就闻不到我的气味了。

鲨鱼说：

鹦嘴鱼我认识，但是一直分不清它的性别。我听说，雄鹦嘴鱼能变成雌鱼，但之后就不能变回来了。

动物小档案

名称：射水鱼

体长：约 0.2 米

分类：硬骨鱼纲—鲈形目—射水鱼科

栖息地：太平洋、印度洋热带沿海及江河中

食物：苍蝇、蚊虫等小昆虫

天敌：海鸟、大型鱼类等

射水鱼

　　鹦嘴鱼靠"嘴硬"来生活，完全没有技术含量。和它相比，我的水平高多了，靠"发射"子弹捕食。猜出来了吗？我就是射水鱼。

我是"神射手"

　　苍蝇、蚊虫、蛾子等小昆虫都是美味呀！它们在我头上飞来飞去，时刻勾引我的馋虫。当然了，它们可不会自己送上门来，我必须付出一定的辛苦。

　　我是有名的"神射手"，能用嘴发出一连串水珠。当我要捕食小虫时，我会找准小虫的位置，然后射出水珠，等水珠落回水里，水中就多了一只小虫。

如果没有一击即中,我还会重新瞄准、射击,甚至跳出来将小虫捕获,然后饱餐一顿。当然,我的胃口不太大,很少射击那些大家伙。

鲨鱼说:

我一直很好奇,射水鱼是怎么看清目标的。要知道,在水下看水上的猎物,位置是错开的。看来,我要向射水鱼请教一下。

麒麟鱼

动物小档案

名称：麒麟鱼
体长：约 0.02~0.1 米
分类：硬骨鱼纲—鲈形目—鼠鱼衔科
栖息地：西太平洋温暖海域
食物：小型海洋动物、浮游生物等
天敌：大型鱼类

　　我可羡慕射水鱼了，可以时常展示自己。但无奈，我天生性格害羞，不敢轻易露面，总是在珊瑚礁附近藏起来。

我总会小心翼翼的

　　只论长相，我也是非常漂亮的，一点儿也不输给蝴蝶鱼、小丑鱼。但是我很少展示自己，整天躲在隐蔽的阴暗处，行踪非常神秘，几乎没有谁见过我的全貌。

　　不了解我的会说我胆小，其实我只是谨慎罢了，就连吃东西也是如此。我会用大眼睛找准猎物，然后快速游过去将其捕获，再立即返回藏身处。

我也有高调的时候

平日,我的行踪非常神秘,但在寻找伴侣的时候却很乐于表现,甚至会不辞辛苦地表演。我不停地游动、跳舞,将自己的美完全展示出来,直到获得一位异性的青睐。

鲨鱼说:

我一直以为麒麟鱼长得可大了,却没想到只是个小不点儿。不过,虽然它填不饱我的大肚子,但作为开胃菜还是可以享用的。

石斑鱼

动物小档案

名称：石斑鱼
体长：0.2~1 米
分类：硬骨鱼纲—鲈形目—鮨科
栖息地：南美洲、亚洲、欧洲河流等
食物：甲壳类、小鱼小虾等
天敌：大型肉食动物

和麒麟鱼一样，我也不常露面，总是待在洞穴里，或者伪装成大石头，一动不动。所以，谁想要找我，可以试着翻翻石头。

我是一个懒惰的大胖子

和所有的大胖子一样，我也不爱动，而且有些懒惰。不过，我小时候可不是这样，而是特别好动，总是游来游去。只是后来，我吃得太多，变胖了，才喜欢过深居简出的生活。

大胖子一般都比较和蔼，但我可凶了。我静静地待着，如果有猎物从身边游过，便会一口将它咬住，再用牙齿碾碎，最后吃进肚子里。

伪装大师

说到伪装,我想没有几种鱼能和我比。我不仅能伪装成石头,还可以随意变换身体颜色,和各种颜色的珊瑚石一个样儿,所以很多朋友都称我是"伪装大师"。

鲨鱼说:

相比麒麟鱼,我更喜欢捕食石斑鱼,因为它是个大胖子,身上的肉很多,游泳又比较慢。不过,它不太好找,需要我仔细搜索。

虾虎鱼

动物小档案

名称：虾虎鱼
体长：约 0.1 米
分类：硬骨鱼纲—鲈形目—虾虎鱼科
栖息地：南极、北极外的沿海水域
食物：小鱼、小虾、鱼卵等
天敌：黑鲈鱼、黑线鳕鱼等

过安逸的生活是石斑鱼自己的选择，但我不想像它那样波澜不惊地过完一生，我要让自己短暂的一生过得精彩一些。

我的一生是这样度过的

我的一生很短暂，从出生到死亡一般只有大约 50 天。因此，我必须在 3 个星期内快速成长起来，生儿育女。这样，当死去的时候，我也有了许多子孙后代。

这几十天里，我不会一直待在珊瑚礁中，有时也会到别的水域活动。我虽然游泳本领不强，但肚子上有一个"吸盘"，可以吸附在岩石上，防止被急流冲走。

别看我小，干出的事却会令很多大鱼叹为观止。有时是因为好奇，有时是被追杀得走投无路，我会逆河而上，靠着小小的吸盘不断攀岩，寻找一方天地。

鲨鱼说：

我一直为填饱肚子四处奔忙，但虾虎鱼却在拼命节食。我想，它们这样做是在示弱，避免和同伴产生冲突吧。

神仙鱼

动物小档案

名称：神仙鱼
体长：0.12~0.18 米
分类：硬骨鱼纲—鲈形目—丽鱼科
栖息地：南美洲河流等
食物：浮游生物、动物碎屑等
天敌：水鸟、大型鱼类等

你能猜出来我叫什么名字吗？你一定能从风帆一样的身体和长长的"胡须"猜出来，是的，我就是美丽的神仙鱼。

我是好脾气的"老神仙"

我喜欢在水里缓慢地游动。这时，两根长"胡须"就会缓缓飘动，看起来就像长须飘飘站在云端的老神仙一般。

要说性格、脾气，我想没有谁比我更温和了。我从来不侵犯别的鱼类，也从不和伙伴们争斗，每天都优雅地游来游去，就像逍遥自在的神仙一样。

不过，即使有这样的好脾气，我也时常有一些烦恼。孔雀鱼、虎皮鱼等十分调皮，经常啃咬我的长"胡须"，惹我不高兴。

还有，产卵前后，我的脾气会变得很大。这时，谁要是敢侵犯我的领地，我也会摆出拼命的架势，和敌人打斗，直到将敌人赶走。

鲨鱼说：

神仙鱼？我没见过，因为它们和我不生活在同一片水域。但我听说，它们对后代很好，会寸步不离地守护鱼卵和小鱼。

蓑鲉

动物小档案

名称：蓑鲉
体长：0.25~0.4 米
分类：硬骨鱼纲—鲉形目—鲉科
栖息地：印度洋、太平洋部分暖水海域
食物：甲壳类、小型鱼类等
天敌：无

刚才，一些朋友介绍自己时，说自己长得很漂亮。在我看来，它们不仅没有我漂亮，而且没有我厉害，毕竟我这个"蛇蝎美人"的称号不是白来的。

我有多漂亮，你看看就知道了。我的身上满是红褐相间的彩色条纹，上面还点缀着许多黑色斑点。另外，十几条美丽的鳍条让我看起来就像身披彩衣的武士。

这些鳍条可不止是用来看的，还是厉害的武器呢！它们又锋利又能分泌剧毒，谁一旦招惹了我，我就会用鳍条刺伤它，把它毒死。

我是很厉害，但一些敌人太大，仍会把我一口吃掉。不过，我也不会让它好受。我会将鳍条撑开，划伤它的肚子，让它中毒，最终和我同归于尽。

鲨鱼说：

蓑鲉确实不好惹，我以前就吃过它的大亏。我还听说，我一些同伴虽然打败了它，但把它吃进肚子里后，被它毒死了。

毒鲉

动物小档案

名称：毒鲉
体长：0.3~0.4 米
分类：硬骨鱼纲—鲉形目—毒鲉科
栖息地：印度洋、太平洋部分暖水海域
食物：甲壳类、小型鱼类等
天敌：无

蓑鲉是我的远亲，但我们性格一点儿也不像。它很高调，喜欢炫耀，而我则比较低调，总是隐藏起来，不让别的动物发现。

我为什么要伪装成石头？

和蓑鲉相比，我长得确实不太好看，所以不太露面，总是躲在礁石下，装成一块不起眼儿的石头。这样，别的动物就不容易发现我，也就不会伤害我了。

装成石头还有一个好处，那就是方便捕猎。说实在的，我的游泳本领确实一般，只能采用伏击的方式突袭猎物，不然我就抓不到猎物，只能饿肚子了。

既然叫"毒鲉",我自然也是有毒的,而且毒性极强。小鱼一旦靠近我,我就用身上的毒刺刺伤它,让它中毒而死。之后,我就能饱餐一顿了。

鲨鱼说:

与蓑鲉相比,对于毒鲉我要更加小心。蓑鲉我只要不主动惹它就行,可毒鲉总是藏起来,防不胜防,不知哪天倒霉就有可能碰上它。

鬼鲉

动物小档案

名称：鬼鲉
体长：约 0.2 米
分类：硬骨鱼纲—鲉形目—毒鲉科
栖息地：西太平洋海域
食物：甲壳类、小型鱼类等
天敌：无

我和毒鲉是"表兄弟"，有很多相似之处。就拿长相来说，我和它一样，也与漂亮沾不上边。还有，我也有致命的剧毒。

我真的长得丑吗？

我身上的颜色是很漂亮的，单看每一部位也很有特点，比如胸鳍像大扇子、背鳍镶嵌着美丽的"花边"。但不解的是，见过我的动物们都说我长得丑。

其实，我一点儿也不在意长得丑。相反，这让我生活得更好。当潜伏在海底时，我和一块岩石、一簇海藻没有分别，从而可以守株待兔，捕捉小鱼虾。

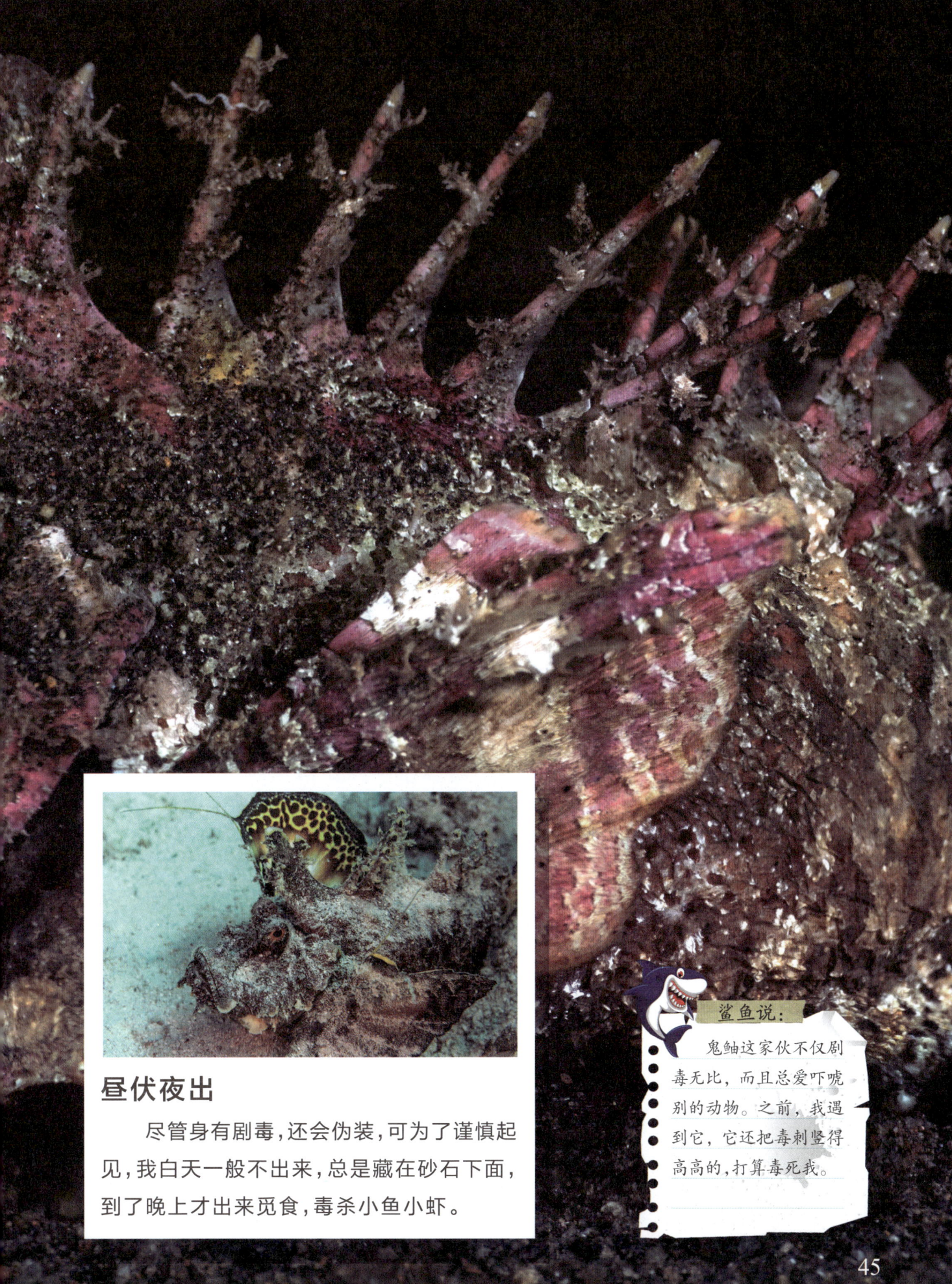

昼伏夜出

尽管身有剧毒,还会伪装,可为了谨慎起见,我白天一般不出来,总是藏在砂石下面,到了晚上才出来觅食,毒杀小鱼小虾。

鲨鱼说:

鬼鲉这家伙不仅剧毒无比,而且总爱吓唬别的动物。之前,我遇到它,它还把毒刺竖得高高的,打算毒死我。

翻车鱼

动物小档案

名称：翻车鱼
体长：约 3 米
分类：硬骨鱼纲—鲀形目—翻车鲀科
栖息地：热带和温带海域
食物：水母、小鱼、甲壳动物等
天敌：金枪鱼、虎鲸、鲨鱼等

要是比丑，我和鬼鲉不相上下。说到对付敌人，我的本领没有它高；但说到繁殖能力，我产的卵特别多。

我产的卵有多少呢？

说出来你可能不信，我一次能产下大约 3 亿颗卵。当然，我只负责产卵，之后便会扬长而去，不再理会。至于照顾卵，那是雄鱼要负责的事情。

产很多卵，靠数量优势繁殖后代。
一部分鱼卵会自然死亡；
一部分鱼卵受精后，被大鱼吃掉；
小鱼很容易被吃掉，或因海浪而死；
成鱼如果游泳技术不佳，几乎没有逃生技能。

我是生长冠军

我还有一项纪录难以被打破——动物界的生长冠军。刚出生的时候，我特别小，只有 0.25 厘米长，但长大后却有好几米，体重更是增加了几千万倍。

刺鲀

动物小档案

- **名称**：刺鲀
- **体长**：0.2~0.6 米
- **分类**：硬骨鱼纲—鲀形目—刺鲀科
- **栖息地**：太平洋西部海域
- **食物**：贝类、虾、蟹等
- **天敌**：无

翻车鱼长得那么大，我实在是比不了。不过，要是比谁对付敌人的本领更厉害，我一定比它强。不信？你就来听我说说。

对付敌人有绝招儿

像我这样的小圆胖子，实在是不怎么会游泳，所以很容易被一些大鱼盯上，但我不怕，因为我身上长满了尖刺，可以把它们刺得遍体鳞伤。

这些尖刺平时是贴在身上的，在遇到危险时，我会拼命吸进海水，让肚子膨胀起来，它们就会跟着立起来。对着一个大刺球，我想敌人是没办法下手的。

如果不幸被捕了，我还有办法和敌人同归于尽。如果敌人把我吃进肚子里，我的内脏里的毒素就会释放出来，让敌人痛不欲生，活活疼死。

鲨鱼说：

　　我之前是饿极了，否则也不会试着去吃它，也就不会被刺成重伤了。真是后悔呀！下次遇到它，我一定不犯傻了。

箱鲀

动物小档案

名称：箱鲀
体长：0.15~0.25 米
分类：硬骨鱼纲—鲀形目—箱鲀科
栖息地：热带和温带浅水海域
食物：甲壳类、贝类等
天敌：大型鱼类等

虽然和刺鲀是亲戚，但我可没它那样的本事，在身上长满刺。不过，我也很特别，全身长满硬鳞甲，就像方盒子一样。

我的身体硬邦邦的，只有鳍、嘴巴和眼睛能动。因此，我总是一副慢吞吞的样子，靠着鳍缓慢摆动来游泳，就像水下直升机。

我去不了远方，只能守在家周围。我总是独自生活，有一些寂寞，所以经常在珊瑚礁缝隙中钻进钻出，要么找找吃的，要么和经过的小动物打打招呼。

一些大鱼不敢欺负我那些亲戚，就想来欺负我。我总是躲着它们，可也有躲不开的时候。无奈之下，我只能放出一些毒素，让它们知道惹我是有麻烦的。

鲨鱼说：

每次见到我，箱鲀都很紧张，总是一副呼吸不畅的样子。有时，为了讨好我，它还会头朝下尾巴朝上表演倒立。

拟鳞鲀

动物小档案

名称：拟鳞鲀
体长：0.3~0.6 米
分类：硬骨鱼纲—鲀形目—鳞鲀科
栖息地：热带和温带浅水海域
食物：甲壳类、海胆、海星等
天敌：大型鱼类等

箱鲀实在太弱了，经常被欺负。哪像我，长着一副铁嘴钢牙，很多动物都怕我。当然，我也不是好战分子，一般只对猎物出手。

我最爱吃海胆了，虽然它长满尖刺，但我有绝招儿对付它。

绝招一：用力向它喷水，使它倒转过去，然后袭击它的口。

绝招二：咬住一根尖刺，把它拉起来；等它下沉时，从下面咬它的口。

我是这样对付敌人的

当然，我再凶猛，也有对付不了的敌人。它们一来，我就躲到珊瑚礁里，还将背鳍竖起来，把自己牢牢卡住。这样，敌人就没办法把我抓走了。

我有时也会到海底活动,偶尔还会躺下来休息。这时,我会翻过身来,就像死了一样。一些敌人看到我这个样子,就不理睬我了。

鲨鱼说:

拟鳞鲀?我没见过,但听说它嘴巴小,头部大,长得圆滚滚的,像炮弹一样。所以,要是见到它,我一眼就能认出来。

动物小档案

名称：躄鱼

体长：0.1~0.3 米

分类：硬骨鱼纲—鮟鱇目—躄鱼科

栖息地：印度洋、西太平洋暖水海域

食物：小鱼、甲壳类等

天敌：大型鱼类等

躄鱼

拟鳞鲉捕食全靠蛮力，实在有些粗暴。我就不一样，很会使用技巧，诱骗小鱼小虾，让它们自己送上门来。

虽然是鱼，但我通常只能靠着青蛙腿般的鳍在海底爬。不过，我并不是笨拙之辈，可以吸进很多空气，随着海水四处漂浮。

我是一名专业"钓手"

我常潜伏在海底，做一名专业"钓手"。在我的头顶，有一根"钓竿"，顶端很像海藻或者小虫。小鱼小虾过来寻找"钓饵"，就会被我一口吃掉。

如果猎物不饿，对"钓饵"没什么反应，我还会凭着高超的伪装，一步步靠近它。来到猎物身旁，趁它不备，我张开大口，发动闪电攻击，0.05 秒后，猎物就被我吃到肚子里了。

鲨鱼说：

我很佩服躄鱼的捕猎手段，既不费力，又很高效。不过，佩服是佩服，哪天要是遇到它，我还是会毫不犹豫地吃了它。

动物小档案

名称：大马哈鱼

体长：约 0.6 米

分类：硬骨鱼纲—鲑形目—鲑科

栖息地：太平洋北部、北冰洋

食物：水生昆虫、小型鱼类

天敌：海豚、棕熊、白头海雕等

大马哈鱼

朋友们，我就要离开大海，返回故乡了。这场旅行十分艰难，我很有可能无法再回来，所以提前向你们道别。

几年前，爸爸妈妈把我生在江河湖泊里。后来，我顺着河水来到了大海，在这里度过了美妙的童年。如今，我长大了，要追寻爸爸妈妈的脚步，返回故乡。

这一路，我并不孤单，还有很多亲友会和我同行。我会逆流而上，日夜兼程，直到回到故乡，产下后代。我可能会累死，但这一切都是值得的。

我听长辈说，这一路到处都是艰难险阻。我要克服缺盐的环境，要越过高高的瀑布，还要逃过棕熊、海鸟的追捕，但我现在已经准备好了，绝不回头。

鲨鱼说：

真是可惜，大马哈鱼就要离开大海了，我将有很长一段时间品尝不到它的美味了。趁它们还没走远，我去追一追，幸运的话还能抓住几条。